中国火箭

火箭的故乡

宋海东 著 / 绘

童趣出版有限公司编　　人民邮电出版社出版
北　京

图书在版编目（CIP）数据

中国火箭. 火箭的故乡 / 宋海东著、绘 ；童趣出版
有限公司编. -- 北京 ：人民邮电出版社，2023.4
ISBN 978-7-115-60784-3

Ⅰ．①中… Ⅱ．①宋… ②童… Ⅲ．①火箭－技术史
－中国－少儿读物 Ⅳ．①V4-49

中国国家版本馆CIP数据核字(2023)第003424号

著 / 绘：宋海东
责任编辑：边二华
责任印制：李晓敏
封面设计：韩　旭
排版制作：北京汉魂图文设计有限公司

编　　　：童趣出版有限公司
出　　版：人民邮电出版社
地　　址：北京市丰台区成寿寺路 11 号邮电出版大厦（100164）
网　　址：www.childrenfun.com.cn

读者热线：010-81054177　　　经销电话：010-81054120

印　　刷：北京尚唐印刷包装有限公司
开　　本：710 × 1000 1/16
印　　张：3.25
字　　数：45 千字

版　　次：2023 年 4 月第 1 版　2023 年 11 月第 4 次印刷
书　　号：ISBN 978-7-115-60784-3
定　　价：25.00 元

这是属于 ＿＿＿＿＿＿ 小朋友的火箭书。

　　节日里，你一定见过满天绽放的烟花吧？

　　其中有一种传统爆竹叫作"二踢脚"（又称双响爆竹）。砰的一声在地面，啪的一声在空中。这砰啪声，是爸爸妈妈儿时记忆里最熟悉的年味。

还有"窜天猴"，点燃引信，它会带着哨声蹿上天空，倒真像一只顽皮的猴子。

咻！

4

"嘿，我们虽然是小小的烟花爆竹，但和飞向太空的火箭沾亲带故呢！"

"不信啊，我带你去火箭的故乡看看。"

那还是三国时期，大名鼎鼎的蜀汉丞相诸葛亮率领大军攻打魏国的城池。

6

魏国守将眼看大事不好，想出了一个办法。

他们将点燃的油布包裹在箭矢上射向蜀军，这些带火的箭引发的火攻令神机妙算的诸葛亮大吃一惊。

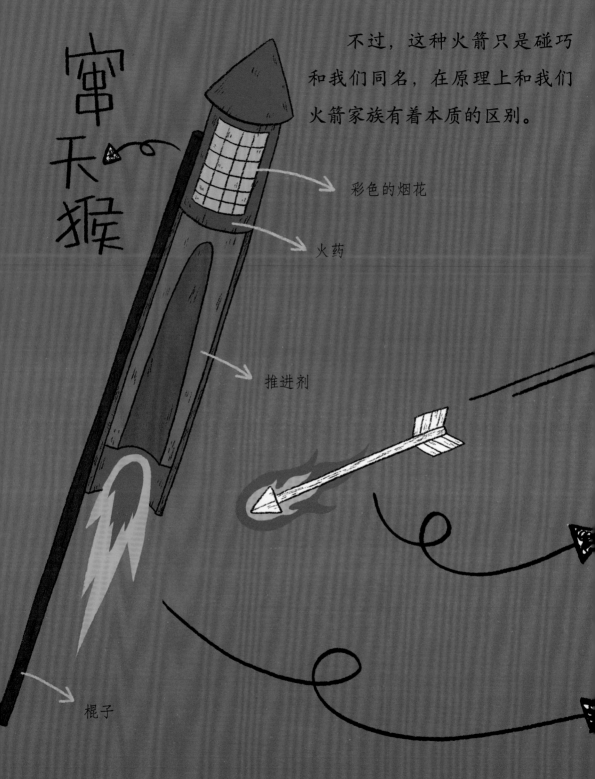

不过，这种火箭只是碰巧和我们同名，在原理上和我们火箭家族有着本质的区别。

窜天猴

彩色的烟花

火药

推进剂

棍子

区别在于：

三国时期这种火箭只是箭头上着火。

瞧，我们火箭家族是屁股上喷火，为的是推进速度。

原因嘛，很简单，那时火药还没被发明出来。

碎！

为什么要提到火药呢？

那是因为，人们发现中国古代四大发明之一的火药，不但能爆炸，还能提供动力。

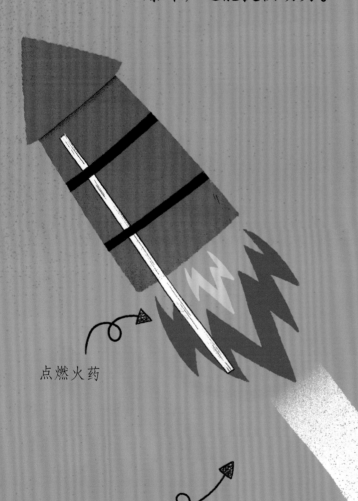

点燃火药

产生快速喷射的气体
推动火箭上天

13

　　点燃捆绑在箭杆上的火药，
能让射出的箭飞得又快又远。
　　这种拥有强大飞行能力的火
箭出现在宋朝和金国的交战中。

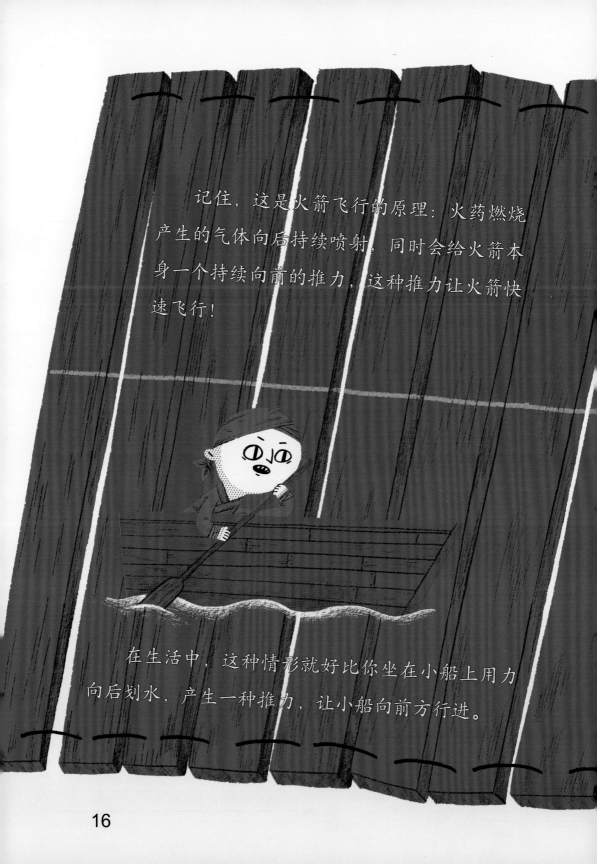

记住，这是火箭飞行的原理：火药燃烧产生的气体向后持续喷射，同时会给火箭本身一个持续向前的推力，这种推力让火箭快速飞行！

在生活中，这种情形就好比你坐在小船上用力向后划水，产生一种推力，让小船向前方行进。

火箭一出，威名大振。

后来的这种名叫"一窝蜂"的多发火箭，

点燃后，能够同时发射 32 支！

是不是更令人不可思议？

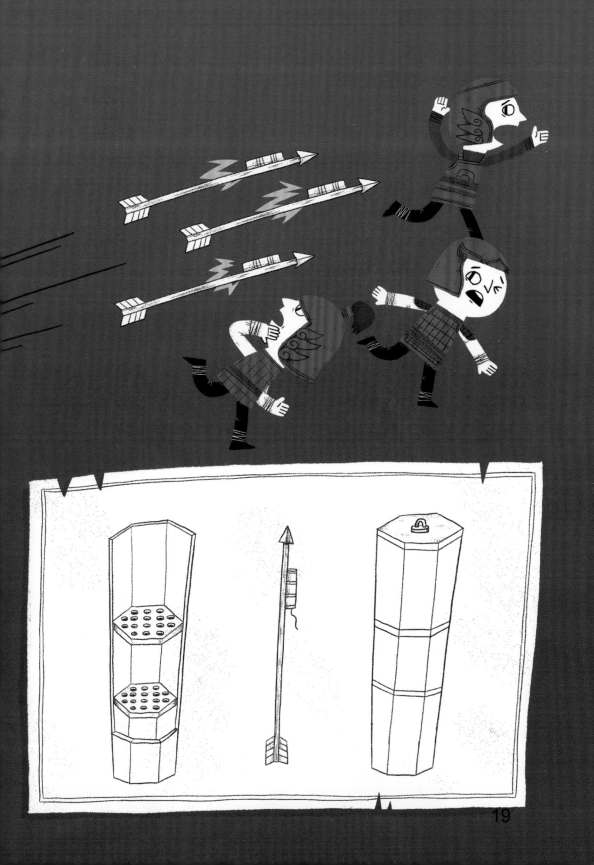

19

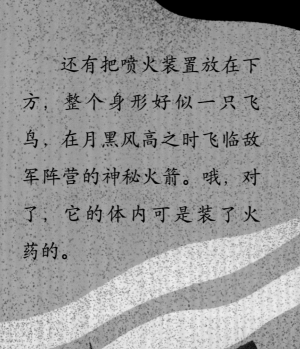

还有把喷火装置放在下方，整个身形好似一只飞鸟，在月黑风高之时飞临敌军阵营的神秘火箭。哦，对了，它的体内可是装了火药的。

"点火，就能飞！如果乘坐安装了这种火箭的椅子，我是不是就能飞上天了？"

　　他是第一个尝试利用火箭飞天的人，被称为"世界航天第一人"。他本名陶成道，生活在明朝，因建功被封赏万户，由此被人们称为"万户"。

那是一个火箭令人兴奋得
异想天开的年代。

碰！

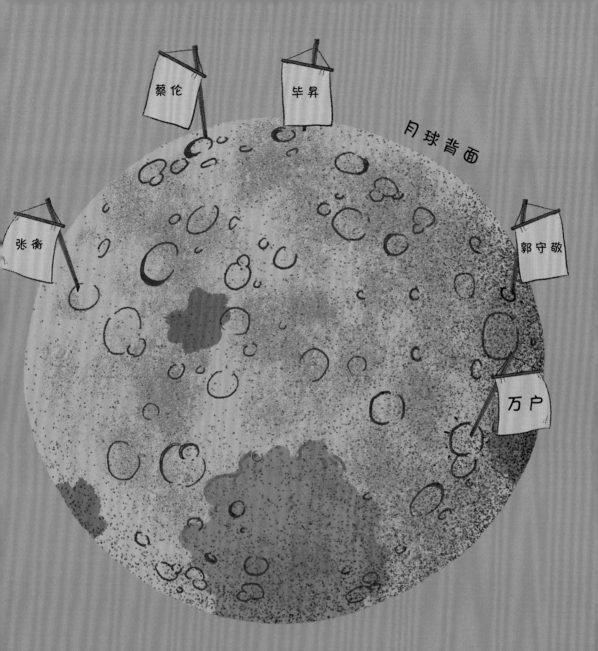

万户为了自己的飞天梦，献出了宝贵的生命。

他的探索精神令人敬仰，后人为纪念万户，用他的名字命名了月球上的一座环形山。

现在，我要隆重推出我们火箭故乡的经典代表——火龙出水。

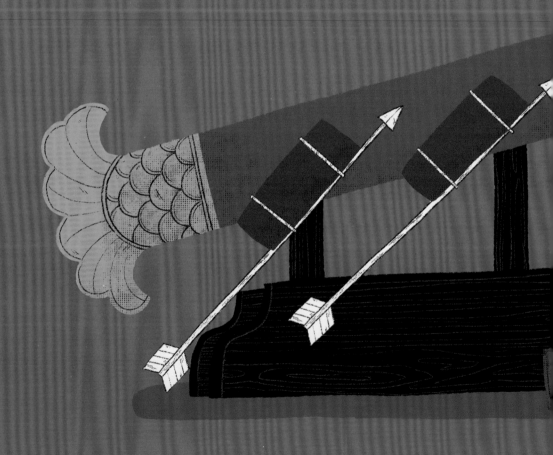

它有什么神奇之处吗？

请看！

点火……

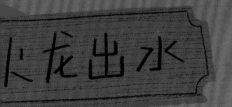

升空……

火龙身上的火箭能推动火龙飞行，等这些火箭燃烧完毕，引信就会自动引燃火龙体内的火箭，即二次点火。紧接着，火龙嘴里开始射出带火的弩箭！

重点是它能够二次点火触发。
在后面的火箭故事里，你就知道
这有多么关键了！

"我是窜天猴，你们了解了火箭的过去，现在是时候去见识见识现代真正的巨型火箭啦！"

CZ-2

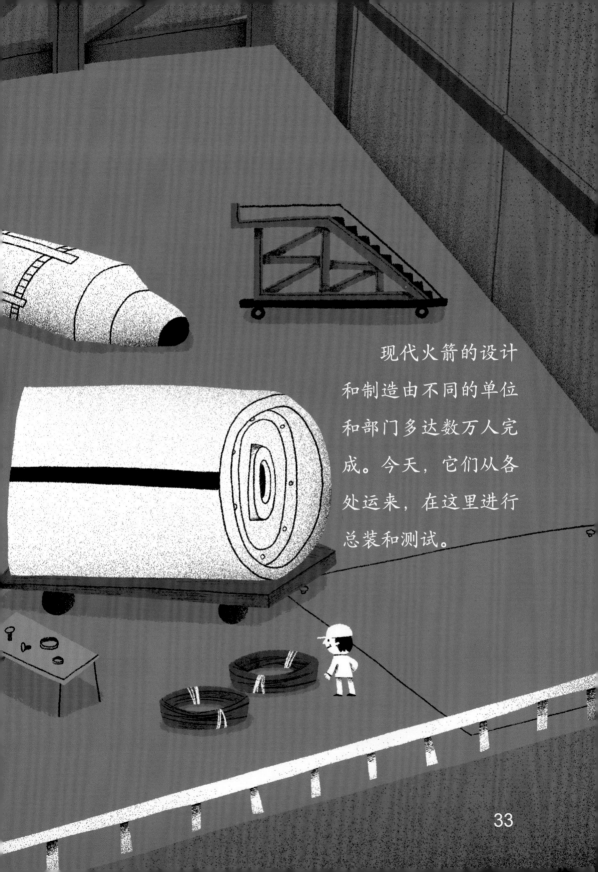

现代火箭的设计和制造由不同的单位和部门多达数万人完成。今天，它们从各处运来，在这里进行总装和测试。

测试完成后，火箭被分成很多段，坐着火车从北京千里迢迢赶往火箭发射场。途中火车要钻隧道，你知道吗？就是这个原因，限制了火箭的体形不能太胖呢！

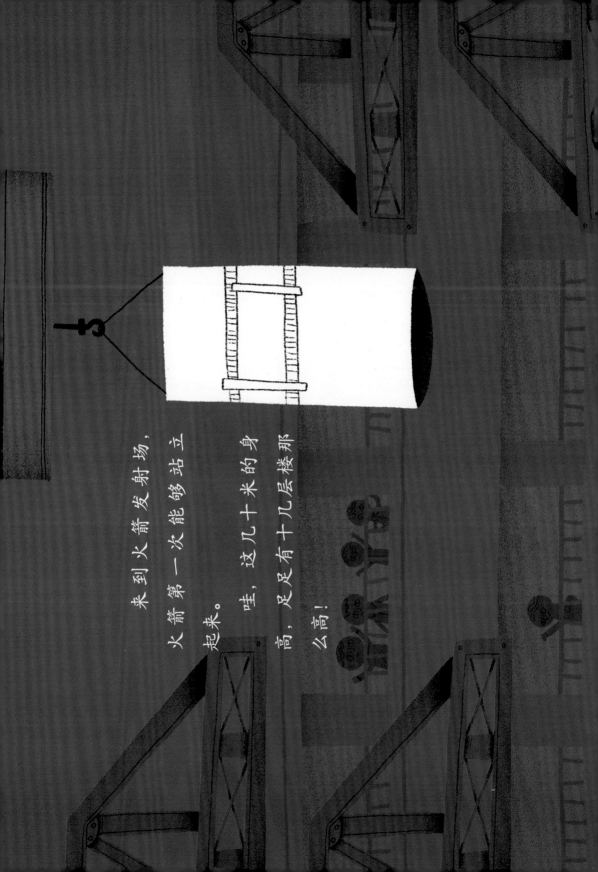

来到火箭发射场，火箭第一次能够站立起来。

哇，这儿十米的身高，足足有十几层楼那么高！

为了便于检修和测试，工作人员专门量身定做了围绕火箭身体的一层一层的工作平台。

СZ-2

吊装完成的火箭，保持着站立的姿势，稳稳地站在特殊的运输车上，朝着向它张开臂膀的脐带塔徐徐前行。

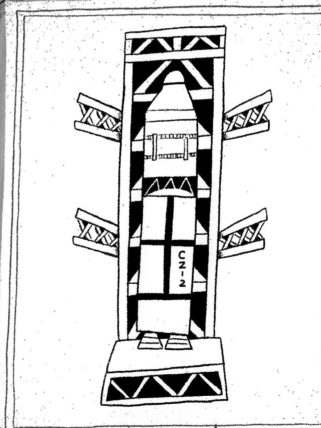

电力、燃料等通过脐带塔架上的管道输送到火箭的身体里，就如同一个婴儿在母亲腹中通过脐带接受哺育。

火箭发射倒计时，**开始！**

3

2

1

点火！

　　火箭的燃料被点燃，温度瞬间升到 3000 摄氏度，这个温度足可以将石头和铁熔化！

　　点燃后产生的大量高温气体会迅速膨胀并通过火箭尾部的喷管向下喷射，速度超过 10 马赫（即声速的 10 倍）。

　　高速喷射气流形成的巨大推力将火箭托起升空。

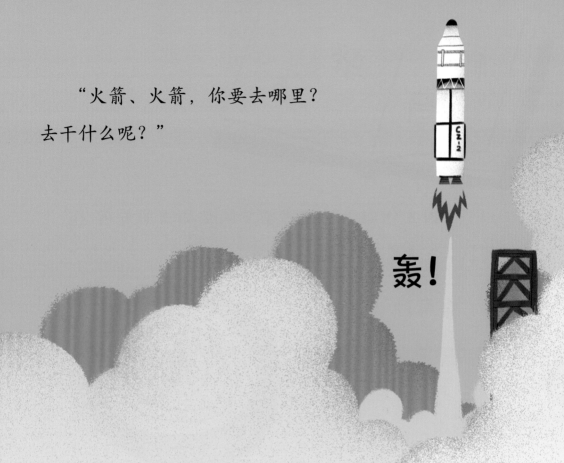

"火箭、火箭，你要去哪里？
去干什么呢？"

轰！

科普驿站

中国古代四大发明对整个人类的文明发展起到至关重要的作用。

指南针

用来指示方向，没有指南针，就没有大航海时代的到来。

造纸术

为人类提供了经济、便利的书写材料，推动了文化的发展。

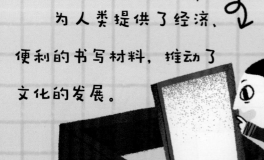

印刷术

印刷术让知识的广泛传播成为可能。这让许多人可以通过读书做学问成为社会的栋梁。

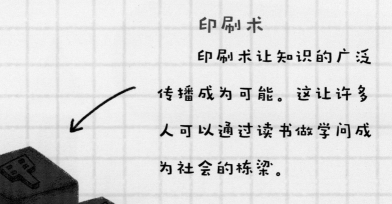

火药

火药一方面能够制造出威力巨大的爆炸，这给人类带来了意想不到的力量。

另一方面，它能使气体产生极强的推力，由此诞生了冲破天际的火箭！

火箭课堂

有效载荷
（火箭要运送的卫星、探测器等放在这里。）

氧化剂箱
（因为太空中没有氧气来助燃，所以要自带氧化剂。）

燃料箱

燃烧室

喷管

火箭的起飞离不开燃料以及帮助燃料燃烧的氧化剂，这两种物质约占火箭总质量的90％。

火箭需要点火升空时，发动机内的燃料被点燃，产生大量高温气体。这些气体迅速膨胀通过喷管向下喷射，将火箭推入空中。

火箭升空的原理：利用气体向下喷射时产生的反作用力，这种力使得火箭向气体喷射的反方向快速运动。

这就如同撒开充满气体的气球……

咻——

气球飞向了空中。

49

后记——我和火箭的故事一

1971年

我出生在湖北一个僻静的小山沟里。

我0岁

那里只有一条弯弯曲曲的山路连接着外面的世界。

那里并不是真正的乡村，也没有喧闹的街市，但却是一个"麻雀虽小，五脏俱全"的小世界。

后来我才知道，那里是一座隐秘起来研制火箭推进剂的研究所。